OUT OF THIS WORLD
走出这个世界

认识美国国家航空和航天局发明家**罗伯特·霍伊特**和他的

太空蜘蛛

WEB-SPINNING SPACE SPIDERS

[美] 杰夫·德·拉·罗莎 著
朱卫国 译

上海译书出版社

上海市版权局著作权合同登记章：图字09-2018-343

Web–Spinning Space Spiders

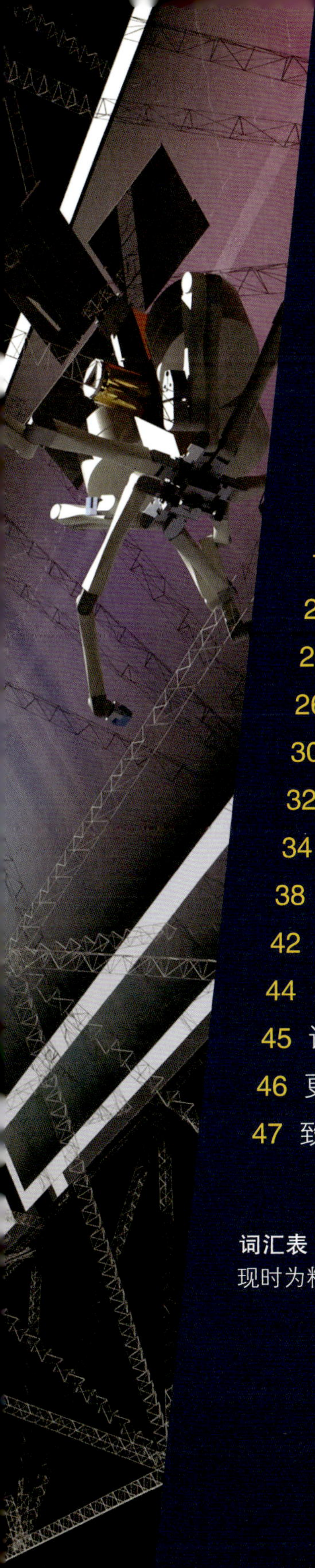

目 录

词汇表 第45页为术语词汇表。词汇表中的术语在正文中第一次出现时为粗体。

引言

航天器的应用大大地增长了我们对周围宇宙的认识。空间探测器（不载人的飞行器）已经访问了遥远的行星、月球和太阳系内的其他天体。太空舱和空间站让航天员能在太空生活和工作。空间望远镜观测着宇宙遥远的角落。

到目前为止，大多数航天器都很小。要进入太空，必须把航天器装在火箭里。航天器上的大天线或其他庞大的部件必须折叠起来并能在进入太空后展开。建造好的航天器还必须能承受发射时的应力。火箭发射时的极端**加速度**和猛烈的振动会损坏设计不合理的或防护不善的部件。所有这些因素都使发射大型航天器变得困难且价格昂贵。

大型航天器能提高我们研究宇宙的能力。然而，要造大型航天器我们不得不重新考虑该怎样设计，还要想想在哪儿建造。将来的航天器或许不得不在太空建造。在太空摆脱了用火箭发射新航天器的限制条件，我们可以想造多大就造多大。

亚特兰蒂斯号航天飞机在佛罗里达州肯尼迪航天中心上空翱翔的情景。如此之大的航天器不仅难以建造而且发射价格昂贵。

物理学家、工程师罗伯特·霍伊特认为他知道该怎么做。霍伊特和他的发明家团队正在努力开发未来机器人，这种机器人能够在太空建造大型结构。他预想的那些巨大而轻型的结构非常坚固，看上去就像地面上的蜘蛛网。而建造这种巨型结构的机器人就像织网的蜘蛛。

就其大小来说，蜘蛛织的网出奇的大、坚固、重量轻。

认识罗伯特·霍伊特

“我是系绳无限公司（一个空间技术公司）的共同创始人。我从小就喜欢发明新东西。现在我的公司正在开发一种机器人技术，这种技术可以在绕地球**轨道**上建造航天器。我称之为蜘蛛制造。”

美国国家航空和航天局创新先进概念计划

“走出这个世界”系列丛书聚焦那些从美国国家航空和航天局成立的一个组织中获得大量拨款的项目。美国国家航空和航天局创新先进概念计划 (NIAC) 为致力于在空间技术中进行大胆创新研发的团队提供资金支持。你可以访问 NIAC 的网站：www.nasa.gov/niac 获取更多资讯。

引力的麻烦

引力是具有质量的物体之间的一种吸引力。吸引力的大小在一定程度上取决于物体的质量。地球是一个巨大的物体，它强大的引力把我们和其他一切物体紧紧地拉在它的表面上。即使杰出的运动员也很难跳到离地面 1.5 米以上的高度。而太空的边缘大约在地球表面 100 千米上空。

今天只有一种能把航天器送入太空的交通工具——火箭。地球引力可以被认为是一种加速度。加速度是引起速度变化的因素。你跳得越高，地球的引力会越来越快地把你拉回来。也就是说，引力会加速你回到地面。为了让你进入太空，火箭必须使你往反方向加速。

科学家用一个叫作 g 的单位来测量加速度。在地球表面，引力以 1g 的加速度向下加速一切物体。现在我们想象一下，火箭能产生 3g 的加速度，也就是，在相反的方向上，产生引力的三倍的拉力。那枚火箭需要燃烧约 9 分钟才能将航天器送入轨道！

“任何空间任务最基本的问题是克服引力。”

——罗伯特

斯普特尼克有多大？

下面照片中展示的是 1957 年发射的第一颗人造地球卫星斯普特尼克。它的直径不到 61 厘米——比沙滩球还小。

地球有强大的引力把我们和其他一切物体紧紧地拉在这个行星表面上。即使杰出的运动员也很难跳跃到离地面 1.5 米以上的高度。

进入轨道

当人们谈论将航天器发射到太空时，通常意味着将航天器送入轨道。轨道有什么特别之处?

要理解轨道是如何工作的，可以想象把一个普通的操场绳球拴在一根杆子上。如果你把球从杆上拉开，松手后球就会向后摆动，撞到杆上。现在想象一下，如果你不只是放开球，而是轻轻地把它向侧面推。球仍将向杆方向摆动。但是，球的侧向运动会导致它偏离并绕过杆子。只要有足够的侧向运动，球就会一次又一次地偏离杆子，绕着杆沿着一条圆形的路径摆动。虽然这可能并不明显，但球仍被拉向杆。但对一个普通的观察者来说，它只是在绕着杆子旋转。

现在把绳球想像为航天器，杆子想像为地球。系绳则代表了地球的引力。只要有足够的侧向运动，航天器就沿着一条宽阔的环形轨道围绕着地球运行。地球的引力仍然把它向下拉，但是航天器的侧向运动使它不断地偏离地球，防止它坠落到地面。

一个绳球绕着杆子旋转，就像航天器绕地球运行一样。但是，使航天器沿轨道运行的不是一根绳子，而是地球的引力。

以把电话和互联网信号传送到世界各地。轨道上的空间望远镜可以在地球大气层的雾霾之上观测天空。航天员可以在轨道空间站上生活和工作。空间探测器甚至可以在飞往太阳系其他目的地的途中“停”在轨道上。

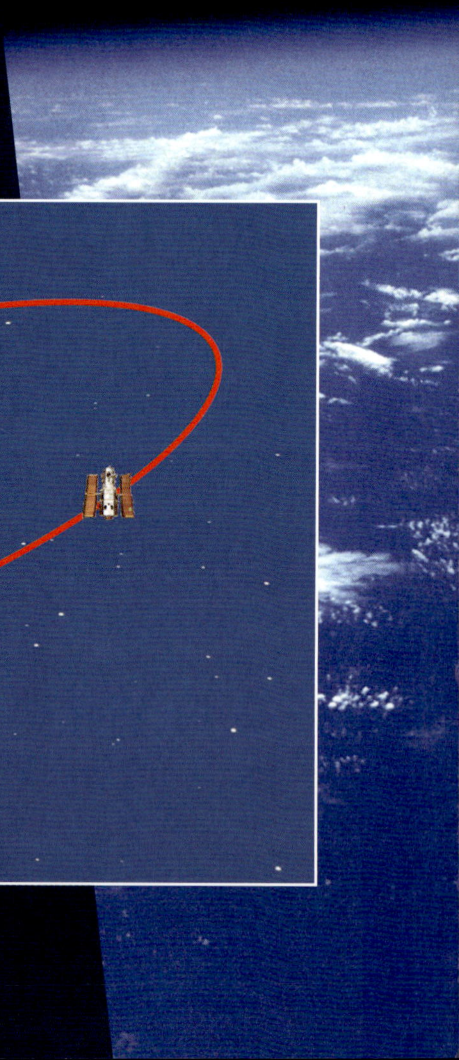

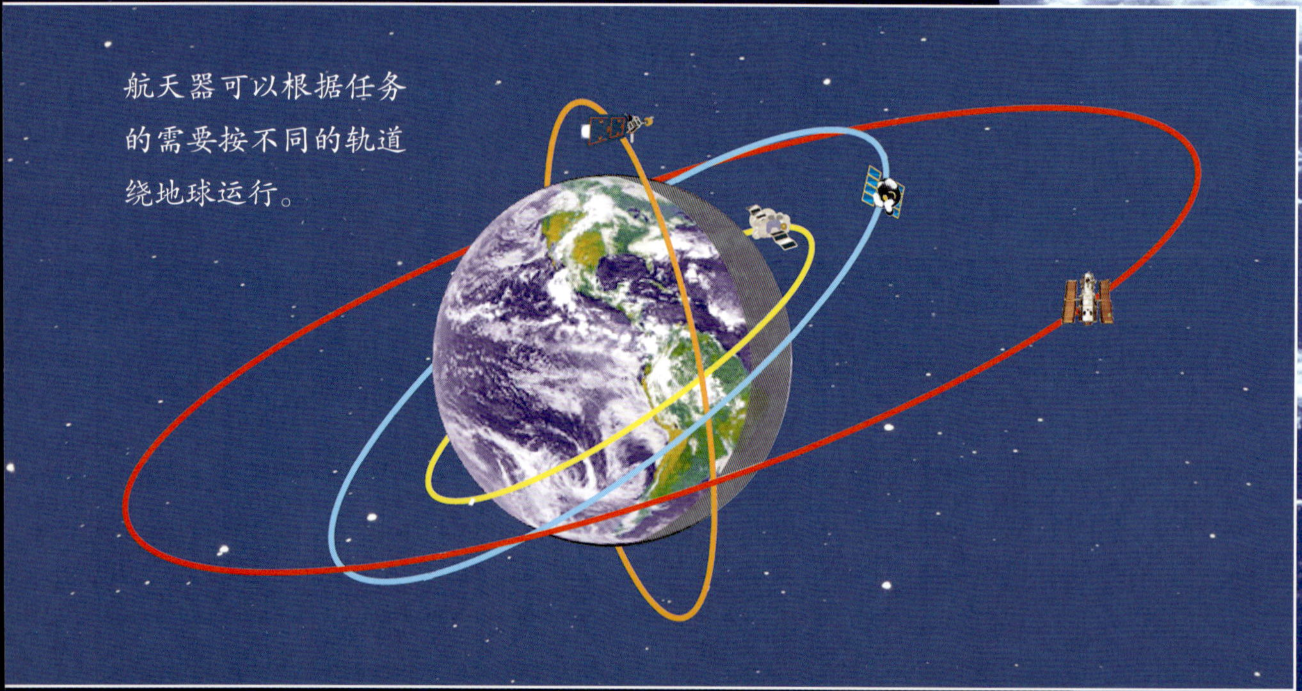

航天器可以根据任务的需要按不同的轨道绕地球运行。

航天员在围绕地球的轨道上工作。一旦航天器进入轨道，只需要相对较少的能量就能保持在轨道上。

阿波罗号飞船有多大？

20 世纪 60 年代到 70 年代期间，阿波罗号飞船把航天员送上月球并返回地球。整个飞船的尺寸相当于一辆校车那么大，几乎没有足够的空间来容纳三名航天员和他们所需要的设备。但是，它的发射需要有史以来最大的火箭——111 米高的土星 5 号。

阿波罗号飞船

发明者的故事：
导师和合作伙伴

在发明织网太空蜘蛛之前，罗伯特·霍伊特对科技的兴趣是由阅读科幻小说激发的。特别是一位作家在霍伊特的职业生涯中扮演了令人惊讶的角色。

罗伯特·L·富沃德

“读高中时，有一天，我在学校图书馆挑了一本由作家罗伯特·L·富沃德写的科幻小说。”

——霍伊特

这本书是《蜻蜓的飞行》(1984 年)，后来又以《罗切世界》的书名重新出版。这本书讲述了一个激光动力的光帆飞船访问了一个环绕遥远恒星运行的双行星系统的故事。这个故事是未来主义的，但霍伊特对它物理学方面的现实主义描写印象深刻。那本书的书皮上说作者除了是科幻作家外还是个物理学家。

“几年后，在研究生院，我真的遇到了富沃德。他正在做一个**太空缆索**项目。”

——霍伊特

太空缆索是一种长长的高强度电缆，在太空中有许多用途。它们可以用来连接航天器进行特殊的机动飞行。它们甚至可以通过与地球的大气和磁场相互作用而产生能量，地球磁场是地球周围受磁性影响的不可见的区域。霍伊特和富沃德共同与美国国家航空和航天局签约，参与了这个项目。

“几年后，我完成我的物理博士学位。我毕业两周了还没有工作。富沃德和我又赢得了美国国家航空和航天局的一份合同，我们决定一起干一番事业。”

——霍伊特

霍伊特（左一）、富沃德（右一）和他们的团队。

霍伊特和富沃德创建了一个名为系绳无限公司的空间技术公司。多年来，他们的项目从缆索扩展到包括机器人、光学、太阳能电池阵列和无线电。两个人继续合作，直到富沃德在 2002 年去世。

“富沃德不怕面对真正困难的挑战，而且会想出一些打破常规的解决方案。他有能力和耐心从别人已经放弃了的想法中开发出一个实用的解决方案。”

——霍伊特

空间探索的昂贵代价

要进入轨道，航天器必须克服地球引力，我们知道地球引力是非常强大的。火箭通过燃烧燃料和氧化剂（称为**推进剂**）来加速航天器抵抗这种引力。克服引力需要大量的推进剂，推进剂重量占火箭总重量的 90% 以上。

另外，火箭是极其复杂的运载工具。建造火箭需要仔细的设计和测试以及大量的精密制造工作。火箭发射是一项复杂的工作，需要许多训练有素的人员和特殊设备。而且火箭发射有失败的风险。如果发射失败，可能会摧毁价值数百万美元的设备，甚至危及生命。

所有这些因素导致发射航天器的费用极高。在 21 世纪初，用火箭发射航天器的费用可能从每千克数千美元至数万美元不等。考虑到这一点，难怪至今为止发射的航天器都相对较小，重量较轻。

“想象一下，你想要建造一个非常大的天线，或者一个大的空间站。因为每千克的发射成本太高，所以你需要使系统的质量最小化。”

——霍伊特

FAST有多大?

500米口径球面射电望远镜(FAST)是世界上最大的单反射镜望远镜。它建在中国贵州省的一个天然山谷中，直径500米。相比之下，迄今为止发射过的最大空间望远镜，直径只有几米。

发射像美国的航天飞机这样的航天器需要大量的推进剂而且费用极其昂贵。

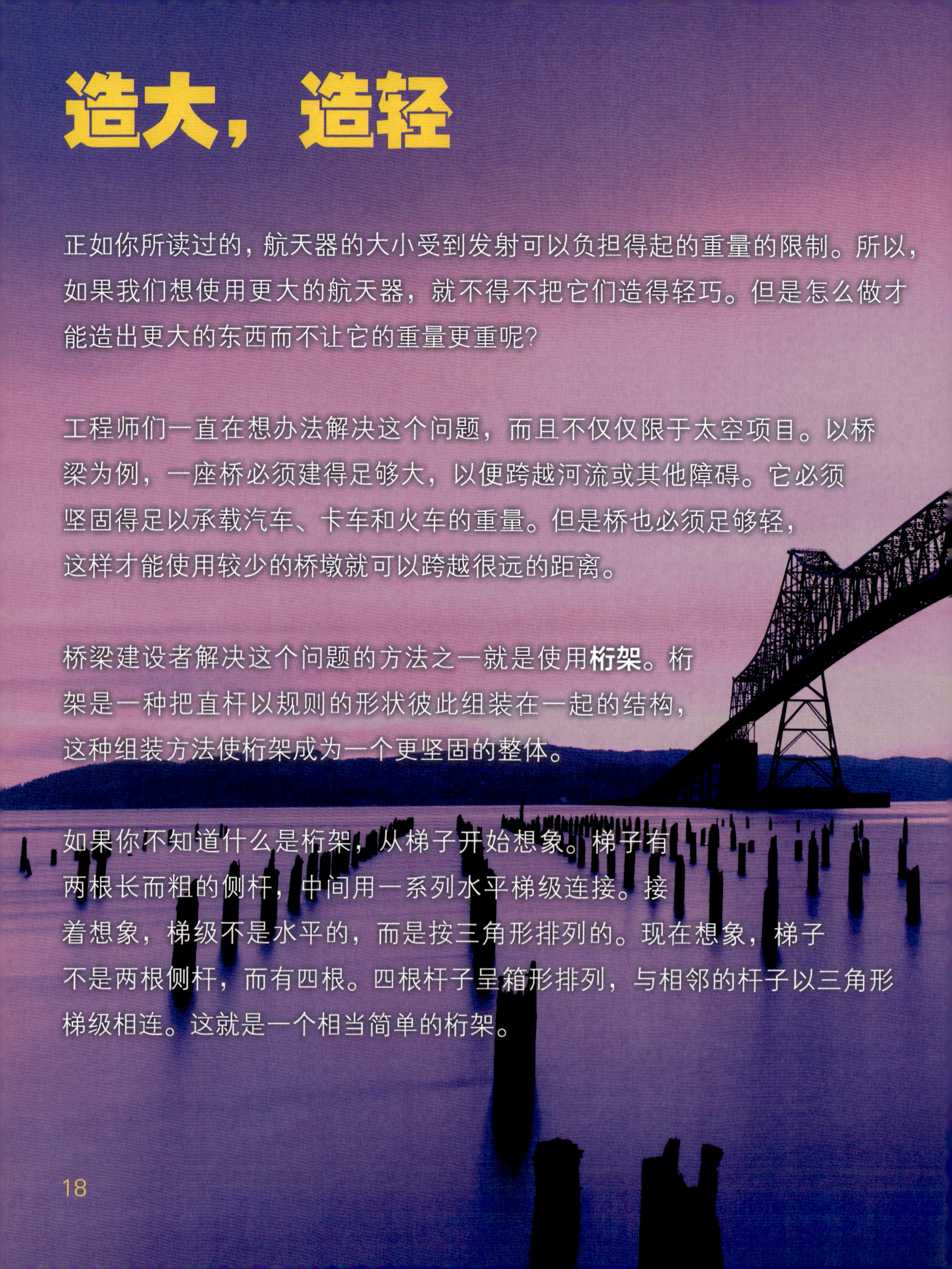

造大，造轻

正如你所读过的，航天器的大小受到发射可以负担得起的重量的限制。所以，如果我们想使用更大的航天器，就不得不把它们造得轻巧。但是怎么做才能造出更大的东西而不让它的重量更重呢？

工程师们一直在想办法解决这个问题，而且不仅仅限于太空项目。以桥梁为例，一座桥必须建得足够大，以便跨越河流或其他障碍。它必须坚固得足以承载汽车、卡车和火车的重量。但是桥也必须足够轻，这样才能使用较少的桥墩就可以跨越很远的距离。

桥梁建设者解决这个问题的方法之一就是使用**桁架**。桁架是一种把直杆以规则的形状彼此组装在一起的结构，这种组装方法使桁架成为一个更坚固的整体。

如果你不知道什么是桁架，从梯子开始想象。梯子有两根长而粗的侧杆，中间用一系列水平梯级连接。接着想象，梯级不是水平的，而是按三角形排列的。现在想象，梯子不是两根侧杆，而有四根。四根杆子呈箱形排列，与相邻的杆子以三角形梯级相连。这就是一个相当简单的桁架。

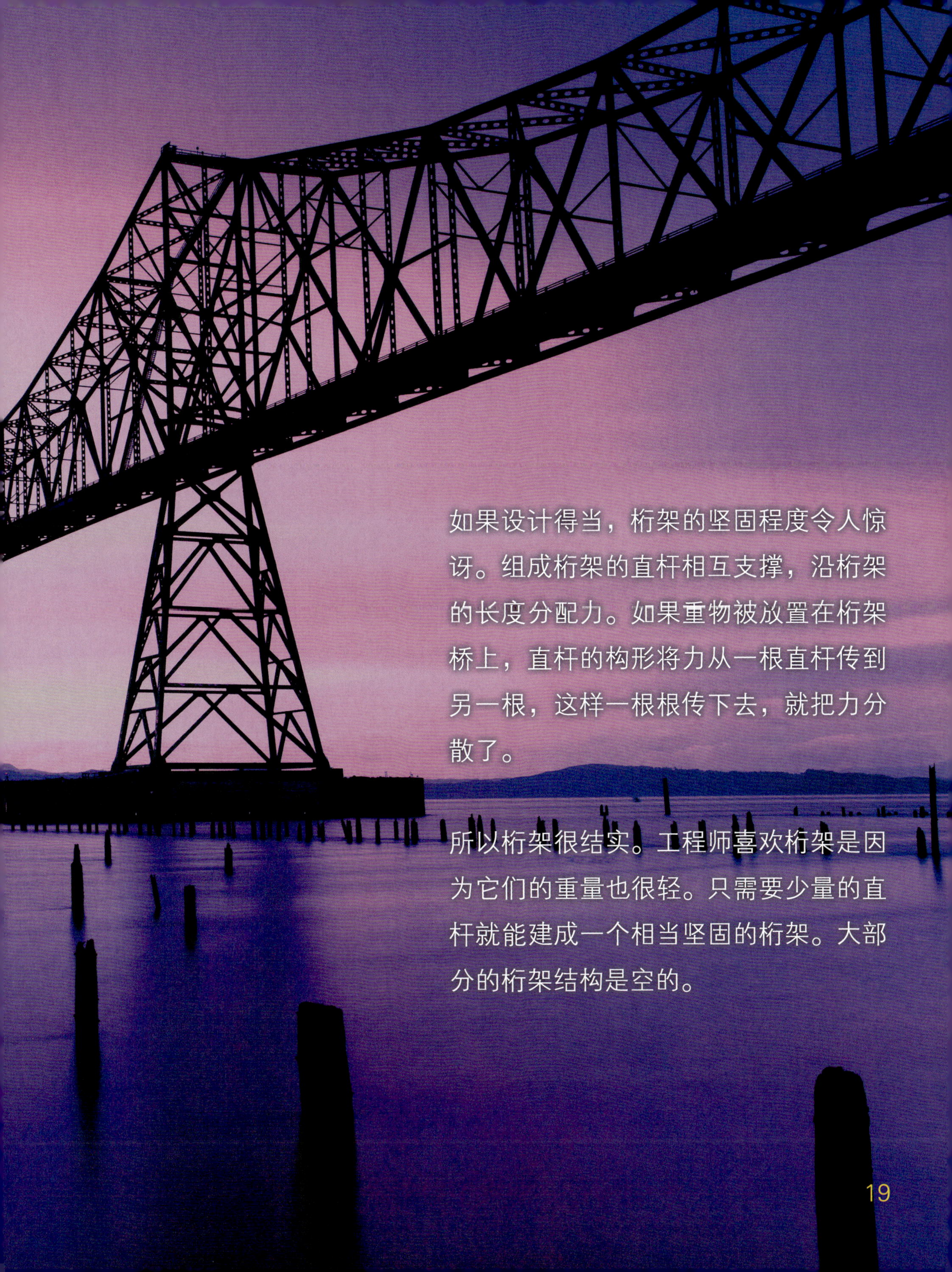

如果设计得当，桁架的坚固程度令人惊讶。组成桁架的直杆相互支撑，沿桁架的长度分配力。如果重物被放置在桁架桥上，直杆的构形将力从一根直杆传到另一根，这样一根根传下去，就把力分散了。

所以桁架很结实。工程师喜欢桁架是因为它们的重量也很轻。只需要少量的直杆就能建成一个相当坚固的桁架。大部分的桁架结构是空的。

在轨道上建造

通过连接一组桁架，地球上的工程师可以轻松地建造简单而轻量的框架，用成百上千个框架组成直径数百米的航天器。但他们如何将如此庞大的航天器装进火箭的**有效载荷舱**（货舱）呢？这就是霍伊特的方案具有真正革命性的地方。他和他的团队并没有提议在地面上建造，然后打包发射。相反，他们打算在轨道上建造航天器，建造工地离它的目的地更近。

在轨道上建造的好处有许多。首先，航天器的大小将不再受火箭有效载荷舱尺寸的限制。其次，在轨道上建造的航天器不必专门设计与加固来解决承受火箭发射时应力的问题。

最后，请记住引力继续拉扯着轨道中的物体，使它们向地面加速坠落。事实上在轨运行的航天器不是真的在飞，而是在坠落。航天器中的人和设备都是自由落体。因为他们都以同样的速度下降，他们互相之间看不出在坠落。这种特殊的条件产生一种失重的感觉称为**微重力**。

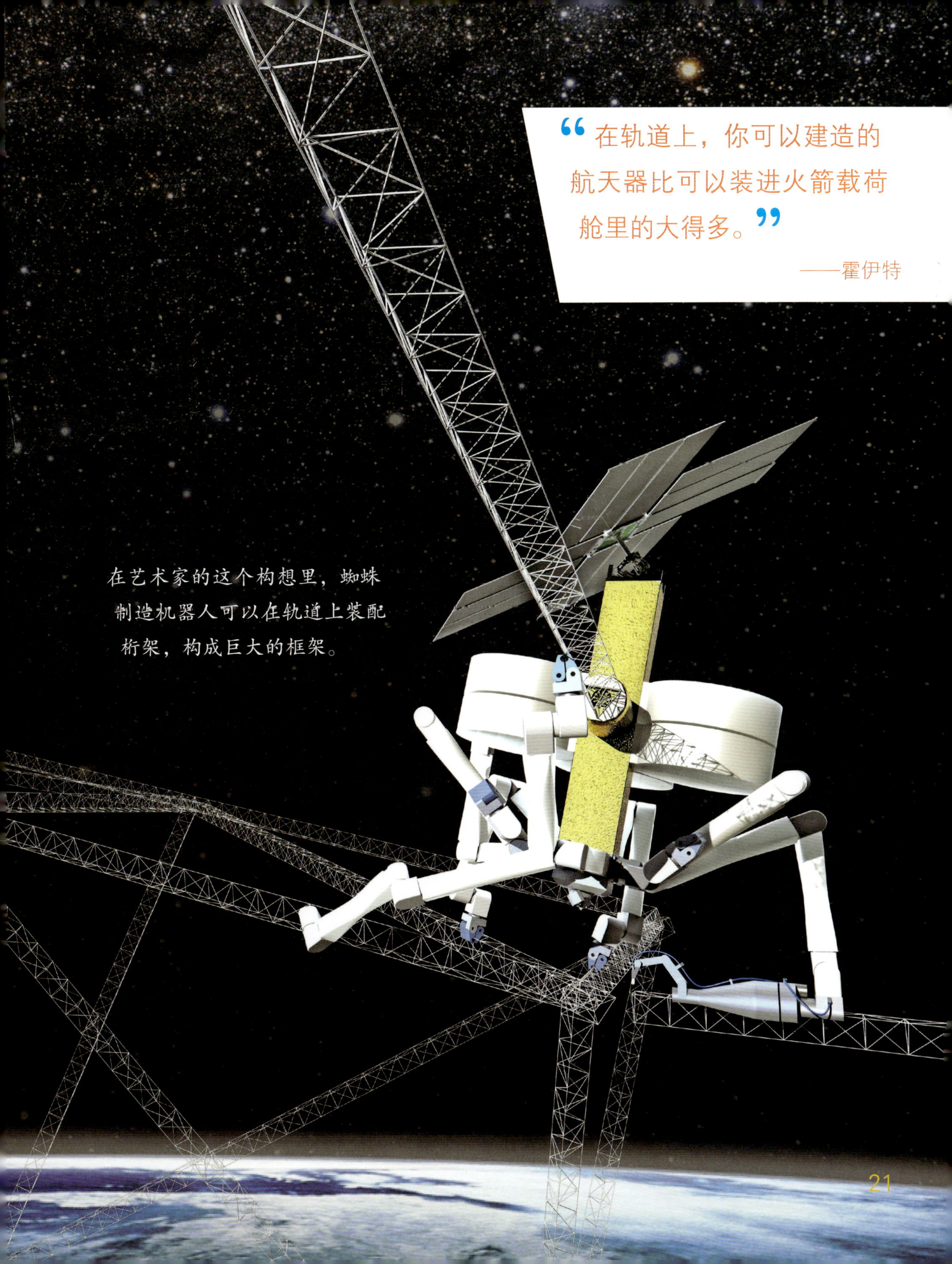

“在轨道上，你可以建造的航天器比可以装进火箭载荷舱里的大得多。”

——霍伊特

在艺术家的这个构想里，蜘蛛制造机器人可以在轨道上装配桁架，构成巨大的框架。

航天员在轨道上
组装国际空间站。

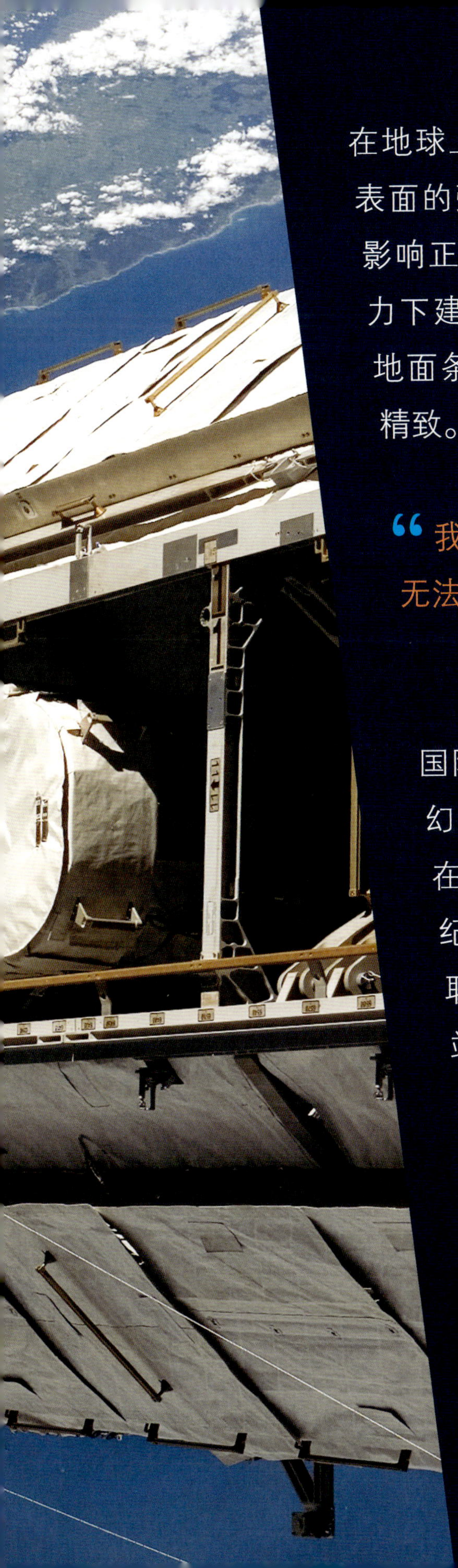

在地球上建造的建筑必须能够承受地球表面的强大引力。但这种地面引力不会影响正在轨道上建造的航天器。在微重力下建造的航天器可以比任何能够承受地面条件的航天器都要更大、更轻、更精致。

> “我们的目标是能够制造出那些轻巧得无法在地面上支撑自己的东西。”
>
> ——霍伊特

国际空间站 在太空建造听起来像是科幻小说，但霍伊特的框架并不是第一个在轨道上组装的航天器。例如，在 20 世纪 90 年代末和 21 世纪初，十几个国家联合起来建造和营运国际空间站。空间站为少数航天员提供了工作空间和在轨生活空间。由于体积太大，无法一次性发射，它是由多架美国航天飞机和多枚俄罗斯火箭陆续把组件送上轨道在太空组装而成。

发明者的故事：

蝙蝠洞

早在孩提时代，霍伊特就展示了他在工程上的才能。他父亲喜欢讲的一个故事似乎预示了霍伊特成年后具有使大型结构适应小空间的能力。

“大概在我六七岁的时候，我爸把我带到他在波士顿的办公室。在那儿，为了自娱自乐，我从复印室拿了一些卡片纸。当时我迷上了蝙蝠侠这个角色，我用卡片纸给他的基地蝙蝠洞制作了一个非常精致的三维模型。我们要乘公共汽车进城，当我爸看到我所做的东西时，他说：‘罗布，这真的很酷，但是我们怎么才能把它带回家呢？’我回答说，‘哦，没问题，爸爸，它可以折叠起来！’”

——霍伊特

年轻的霍伊特设计了模型来折叠。有点像一本立体书。

霍伊特的孩提时代

VW_1500

像蜘蛛一样的建造者

在地球上，桁架结构都是由熟练的工人建造的。但是把人送上太空是复杂而且危险的。人类航天员还需要携带空气、食物、水等笨重的额外设备。这些东西增加了航天器的发射质量，使得载人航天极其昂贵。

为了保持成本合理，霍伊特的桁架结构将不得不由机器人建造。工程师根据机器人需要的能力来设计机器人系统。

“我们意识到，我们的机器人至少需要三个机器肢体才能在一个大桁架结构上爬行，并正确地定位自己。它还需要两到三个机器手臂才能抓住新的部件并将它们连接到结构上。很快，机器人开始看起来像一个蜘蛛。”

——霍伊特

霍伊特把这项技术命名为蜘蛛制造（SpiderFab）。Fab是fabrication的缩写，是建筑或制造的近义词。

工程模仿自然

霍伊特的技术与蜘蛛和蜘蛛网的相似之处似乎令人惊讶，但当你仔细思考时，就发现这很有道理。例如，蜘蛛网必须足够轻巧，可以悬挂在树枝上，并且可以覆盖一个广阔的区域，而不会下垂或脱落。但它必须足够牢固，能够抓住一只挣扎的昆虫。霍伊特的结构同样必须坚固、轻巧，所以说它们类似于蜘蛛网也就不足为奇了。同样不足为奇的是，机器人和蜘蛛很像，因为它们都面临着相似的建筑挑战

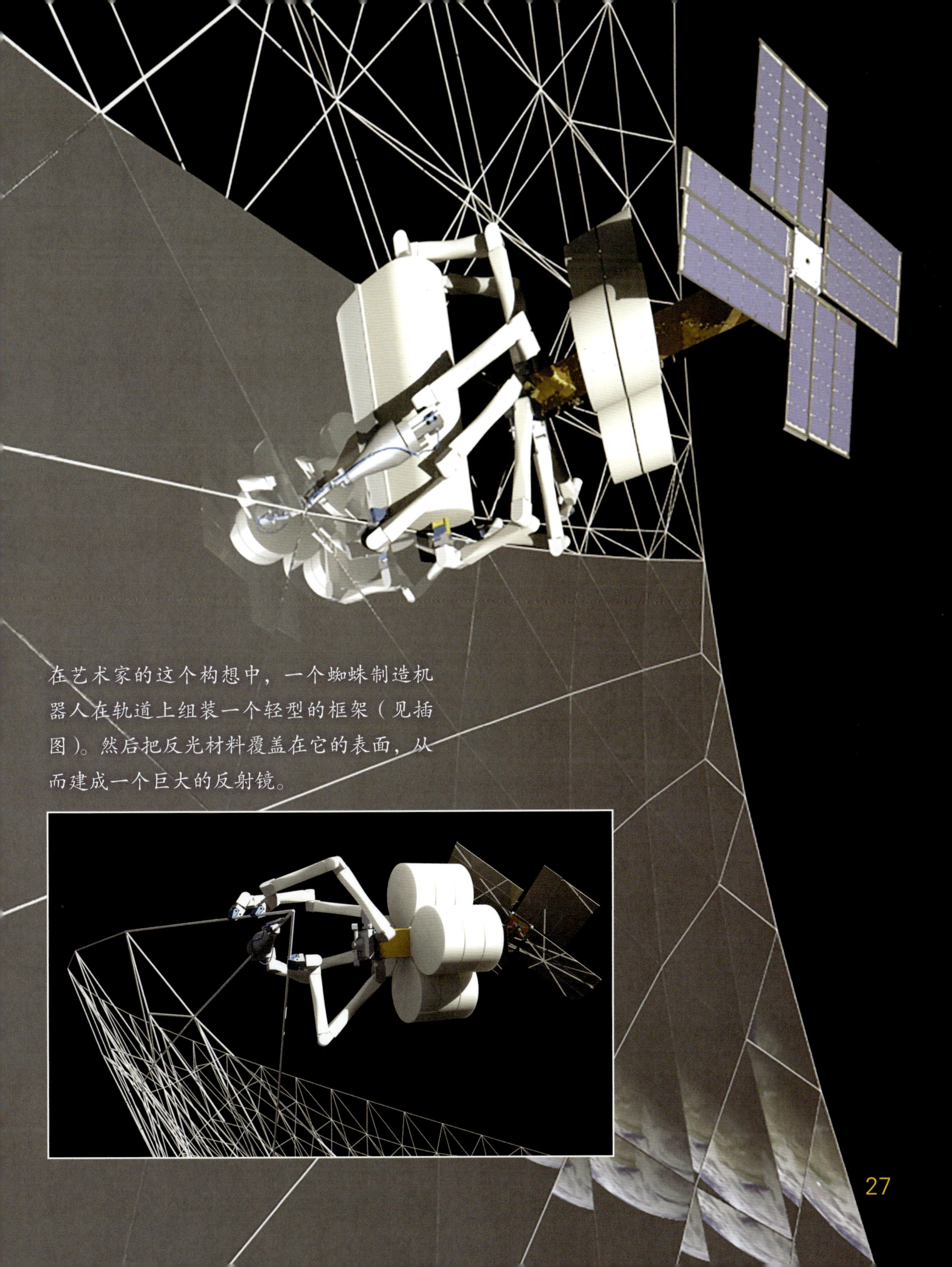

在艺术家的这个构想中，一个蜘蛛制造机器人在轨道上组装一个轻型的框架（见插图）。然后把反光材料覆盖在它的表面，从而建成一个巨大的反射镜。

认识巴克斯特　霍伊特的团队通过改造一个名为巴克斯特的商用机器人，来制造并测试机器人的**原型**。通常，工厂用巴克斯特来执行包装和整理等简单的任务。巴克斯特约 1 米高，比更大的工业机器人工作更安全，它甚至能“学会”如何通过操纵自己的手臂来完成任务。

“通常，巴克斯特被用于从传送带上取下小部件并将其装入箱子。我们买了一个研究版的巴克斯特机器人，从而能深入研究并调试它的软件。”

——霍伊特

霍伊特的团队能够配置机器人的视觉系统来识别桁架部件并确定它们的方向。他们还教机器人如何将桁架部件移动到位，并将它们连接在一起。

在实验室工作的巴克斯特机器人。机器人显示屏上的虚拟眼睛帮助显示机器人的注意力集中在哪里。

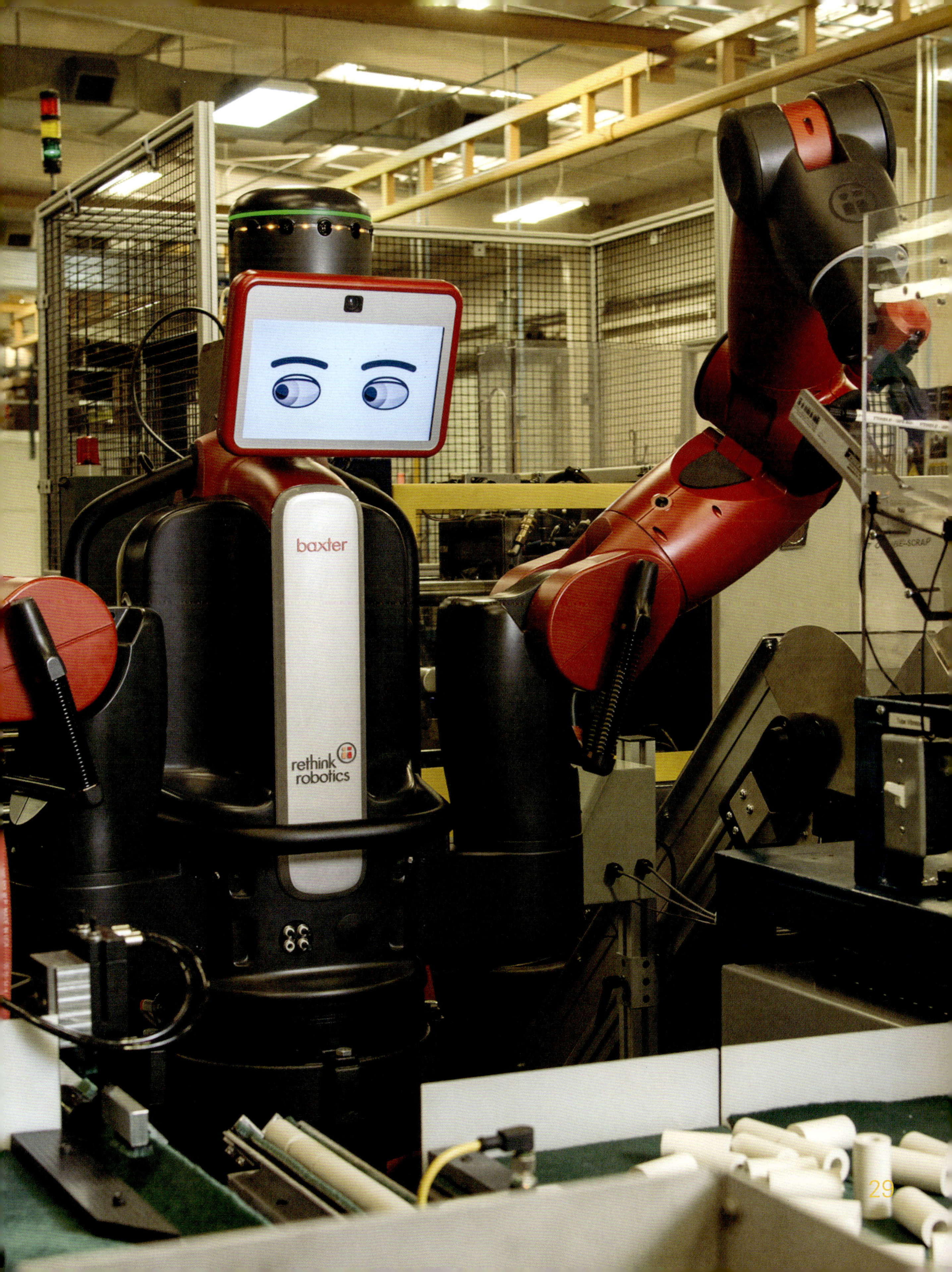
baxter
rethink robotics

发明者的故事：

发明过程

“我和我的团队非常喜欢干太空工业方面的挑战性工作。由于我们的个性和经历，我们喜欢采取非常规的方法来解决问题。”

——霍伊特

太空探索是人类为之努力的最大挑战之一，巨大的挑战往往需要大胆的解决方案。在霍伊特的工作领域里，大胆想象是值得的。在实验室进行任何尝试之前，大部分的艰苦工作都在发展概念或想法方面。

“我是个疯狂的人。我提出最初的想法，然后我有足够的知识和技能粗略地想出它该如何工作。”

——霍伊特

一旦这个想法成形，合作就可以开始了。霍伊特提出了这项技术如何工作的大致想法，但他需要大家一起完善具体的细节。

“我和一些人一起工作，他们在机械工程或电气工程方面更专业。通过大家的共同努力，我们可以做一些很酷的东西。”

——霍伊特

最后，工作转移到实验室，在实验室，霍伊特团队可以对概念进行测试并且研制样机。

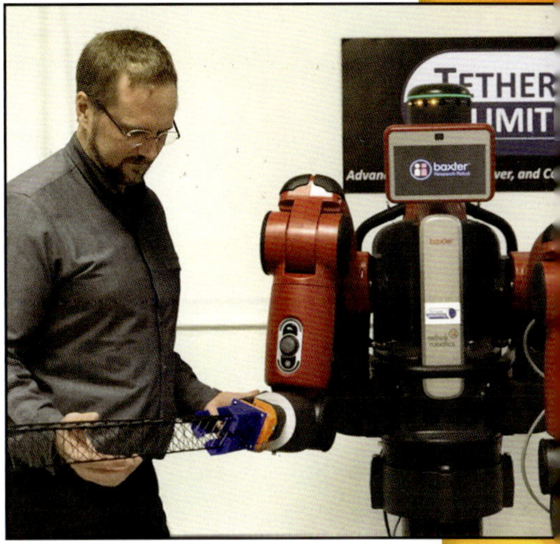

“发明家不能太害怕失败。并不是所有的想法都能实现。但发明家在尝试新事物时应该无所畏惧。”

——霍伊特

在此过程中的任何一个步骤，都可能发生无法实现的情况。霍伊特的爱好之一是吹制玻璃，他曾经开玩笑说要把吹制玻璃技术应用于太空结构建造。这个方案并没有实现，但是开启了他发展蜘蛛制造的道路。

霍伊特有一些忠告给有兴趣成为发明家的年轻人。

“要始终睁大眼睛去发现需要解决的问题。解放你的思想去寻找潜在的解决方案。不要害怕你想出的解决方案未必奏效。如果坚持下去，你就能想出新的办法来解决问题。”

——霍伊特

桁架叠桁架

蜘蛛般的建设者听起来可能已经很惊人了。但霍伊特至少还有最后一招，不用简单的直杆来建造桁架，霍伊特的机器人将用较小的桁架来建造大桁架。

“我们用桁架做桁架，就像在太空玩巨大的装配式玩具。如果这样做，得到的结构的单位质量效率将是简单桁架的 30 倍。”

——霍伊特

机器人从哪里得到这些更小的桁架呢？它们会用另一项叫作桁架制造器的发明。所谓桁架制造器，顾名思义，是一种小型的桁架制造机械装置。它从卷轴上拉拔出高性能塑料，将其弯曲、熔化，并融合成一个个微型桁架。这种机器会喷出一条连续的桁架流。然后，机器人可以将其切割到所需的长度，组装成一个更大的结构。

在艺术家的这个设想中，蜘蛛制造机器人在轨道上组装一个巨大的太阳能电池板。

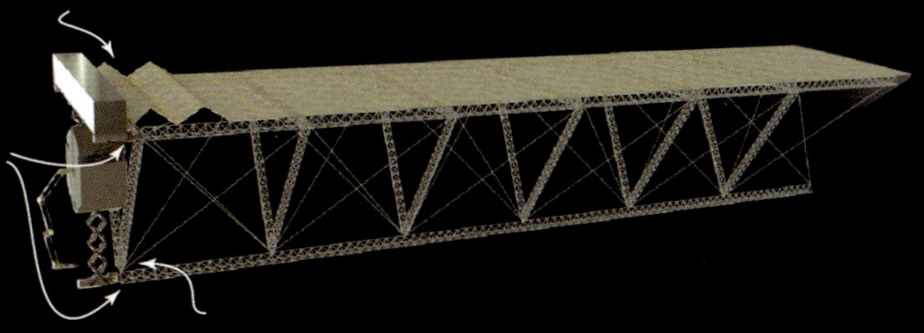

桁架制造器的工作方式

回馈地球：

来自太空的创意也可以服务于地球上的我们

用混凝土建造 在地球上，类似的机器人技术或许可以用来建造混凝土建筑。这种建筑是把混凝土浇注在一种用螺纹钢制作的增强钢筋框架上而建成的。将来可以用像蜘蛛一样的机器人来构建螺纹钢框架。这与蜘蛛制造机器人在太空建造大型结构没什么区别。

大创意：

增材制造

霍伊特的桁架制造器是**增材制造**的一个例子。增材制造是指利用一种机械装置把一件件组件构建成一个三维结构。增材制造通常使用一种叫作 **3D 打印机**的设备。

“多年前，我们正在研究在太空中安装大型天线的方法，试验了一些非常规的折叠或包装方法。大约 10 年前，3D 打印技术真正开始腾飞，我对在轨道上打印卫星部件的想法很感兴趣。”

——霍伊特

3D 打印机可以将计算机模型转换成实物。计算机通过将模型“切片”成横截面薄片来开始这个加工过程。这些横截面片被以一系列平面图像的形式发送到 3D 打印机。但是，3D 打印机不是把图像打印在多张纸上，而是将每一层打印在前一层上面，构成一个三维形式。

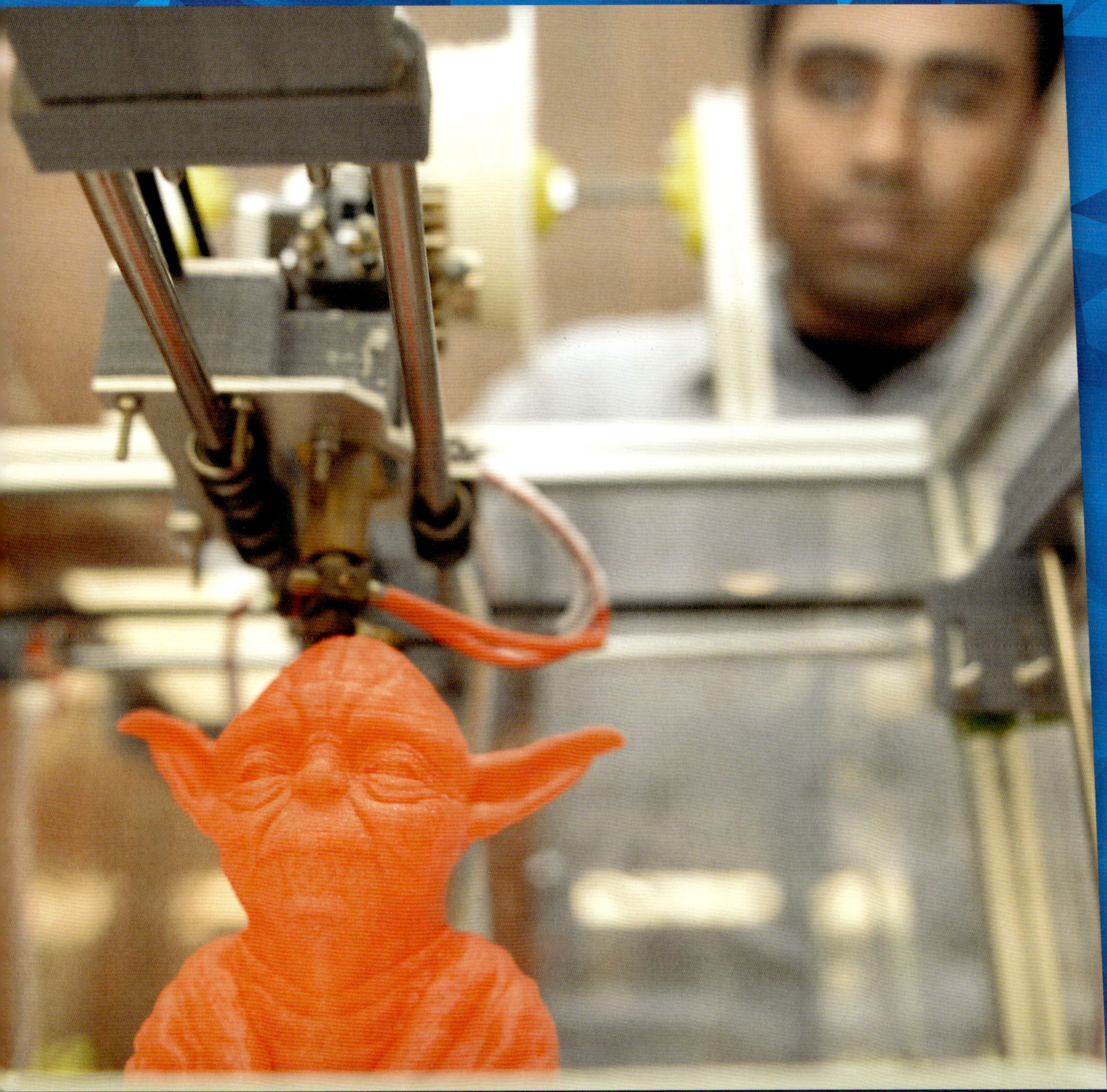

3D 打印机一层层构筑出电影《星球大战》中的
人物尤达的塑料模型。

大创意：

增材制造　续

一个先天手畸形的孩子正尝试使用一只用 3D 打印机定制的假手。

最早的3D打印机只能打印塑料，现在3D打印机可以用包括陶瓷和金属在内的各种材料，打印出功能齐全的物体。

3D打印技术在许多行业中得到越来越普遍的应用。例如，建筑师使用3D打印机来创建建筑物模型，而不是手工构建模型。工业设计师和工程师经常使用3D打印机进行快速成型，快速创建产品模型进行测试。工业上也使用3D打印机制作成品，包括假肢和专用的飞机零件。

增材制造在太空中特别有用，在那里，你不可能在需要某些东西时到仓库去取。2014年，在国际空间站安装了一台实验性的3D打印机。目的在于测试这样的打印机能否在微重力条件下正常工作。空间站上的航天员可以用它打印需要的工具和部件。太空任务时间越长，越有可能发生预想不到的需求。所以增材制造可能成为许多长期任务的一部分，包括航天员在火星上登陆的任务。

造个恒星遮光罩

在太空中建造大型结构的能力不仅使工程师能把航天器建造得更大，还使他们能够做以前从未尝试过的事情。

“这项技术可能用于的一项任务是新世界观察者任务，该任务计划在望远镜和遥远的恒星之间放置一个非常大的**恒星遮光罩**。”

——霍伊特

要理解恒星遮光罩这个概念，想象一下在阳光明媚的日子里去接一个棒球，面对太阳的强光时很难看到棒球。为了接住球，棒球运动员经常用一只手遮住眼前的阳光。由于太阳的光线被遮挡了，所以看到球就容易多了。

棒球和围绕着遥远恒星运行的行星并没有太大的区别。也许可以建造一个性能足够强大的望远镜来观察这颗行星。但是任何来自行星的光都会被来自恒星的更明亮的光冲淡。

新世界观察者任务提出在望远镜和恒星之间放置一个巨大的遮光罩来解决这个问题。这种遮光罩就像棒球运动员的手，挡住了恒星的眩光，这样望远镜就能观察行星了。

与各类航天器相比，建造恒星遮光罩看起来相当简单。主要的挑战是，遮光罩的尺寸相当巨大,而且必须放置在太空中。作为霍伊特的蜘蛛制造机器人的第一份工作，这听上去相当不错。用火箭把一队机器人发射到轨道上，它们就可以建造遮光罩的桁架框架，然后用一些遮光材料覆盖框架。

在太阳系定居

建造巨大的恒星遮光罩可能只是太空蜘蛛的第一项工作。它们建造大物件的能力在许多方面都将对太空旅行产生重大影响。例如，许多航天器从太阳能中获取能量。而由蜘蛛制造机器人制造的更大的太阳能电池阵列可以为更宏伟的任务提供更多的能量。再比如，蜘蛛制造机器人建造的更大的天线可以从这种航天器上发送回更多的数据。但是，霍伊特的想象并没有就此结束。

“我们的长期目标是在太阳系内定居。像这样的机器人可以用来建造基础设施和栖息地，使人们能够在太空中生存并在那里发展商务。”

——霍伊特

不难想象，未来几代蜘蛛建造者将在轨道上组装整个航天器。这类航天器会在某一天将航天员运送到火星和其他目的地，在那里他们可以在由更多机器人建造者建造的栖息地定居下来。

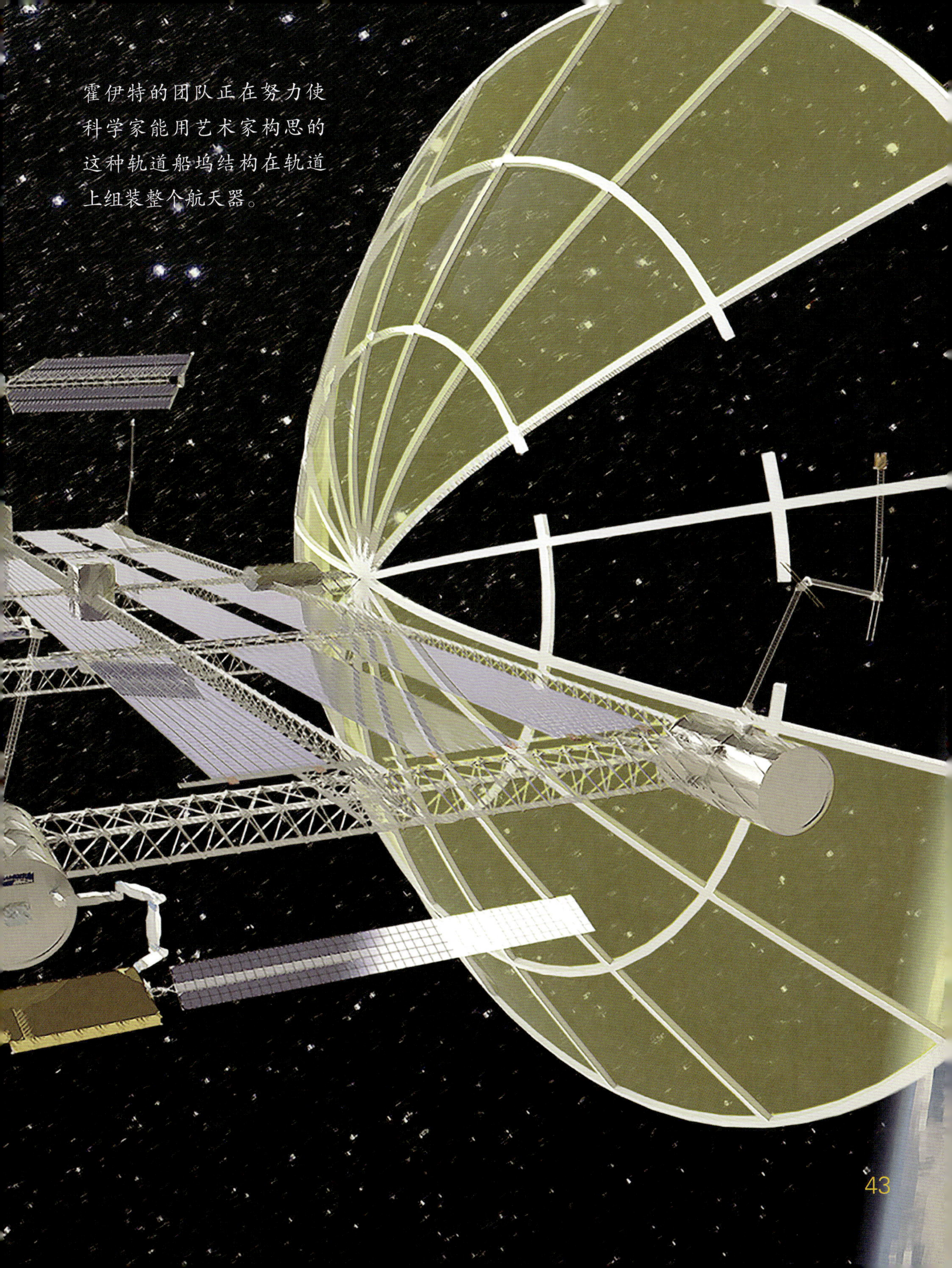

霍伊特的团队正在努力使科学家能用艺术家构思的这种轨道船坞结构在轨道上组装整个航天器。

罗伯特·霍伊特和他的团队

罗伯特·霍伊特和他由工程师、科学家和商务工作人员组成的团队在系绳无限公司（一个空间技术研发公司）。

罗伯特·霍伊特（右一）和杰弗里·斯罗斯塔德（左二）在2015年美国国家航空和航天局在国会山举办的技术日活动上向国会工作人员介绍系绳无限公司用于在太空制造航天器的蜘蛛制造技术。

词汇表

加速度 描述物体运动速度变化的快慢和方向的物理量。

轨道 在太空中由于天体引力的影响，围绕一个巨大天体旋转的路径。

引力 具有质量的物体之间的吸引力。由于引力的作用，靠近地球的物体向地球表面坠落。

质量 表示物体中含有物质多少的物理量。大自然中的所有物体都是由物质构成的。

太空缆索 用来连接航天器的长而结实的缆绳。

推进剂 用于驱动火箭的燃料和氧化剂。

桁架 由直杆或其他支撑物组成的，通常具有三角形单元的结构。

有效载荷舱 火箭为运载货物而预留的舱位。

微重力 人体在自由落体（如在轨道上运行的航天器）中感受到的失重状态。

原型 一项发明的功能实验模型。

增材制造 使用诸如 3D 打印机的机器一层层制造某些物体。

3D 打印机 基于计算机模型制造三维物体的设备。

恒星遮光罩 遮挡远处恒星光线的遮光罩。使望远镜可以看到恒星周围的任何行星。

更多信息

想知道更多关于建造航天器的知识吗？

VanVoorst, Jenny Fretland. *Spacecraft*. Space Explorer. Jump!, Inc., 2016.

想自己做引力实验吗？

Solway, Andrew. *10 Experiments Your Teacher Never Told You About: Gravity*. Raintree Fusion: Physical Science. Heinemann-Raintree, 2005.

想了解更多关于桁架和建造桥梁的知识吗？

Johmann, Carol A., Elizabeth Rieth, and Michael P. Kline. *Bridges: Amazing Structures to Design, Build & Test*. Kaleidoscope Kids. Williamson Publishing, 1999.

像发明家一样思考

寻找你周围的桁架。列出你找到桁架的地方。分别解释为什么设计人员会选择使用桁架。

致谢

下列机构、个人、公司、图书出版单位为本书提供了照片及其他插图，书中出现的每一幅插图所对应的页码均列在提供单位和个人的前面。

封面	© Tethers Unlimited
4–5	NASA
6–7	© Ian Grainger, Shutterstock
8–9	© Shutterstock; © Sovfoto/Getty Images
10–11	Airman Kenna Jackson, U.S. Air Force
12–13	NASA; U.S.S.R. Academy of Sciences
14–15	© Claudia Kunin; Robert Hoyt
17	NASA/Sandra Joseph and Kevin O’Connell; Chinese Academy of Sciences
18–19	© Tom Baker, Shutterstock
20–21	© Tethers Unlimited
22–23	NASA
25	Robert Hoyt
27	© Tethers Unlimited
28–29	© Rethink Robotics, Inc.
31	© Tethers Unlimited
32–33	© Tethers Unlimited
35	© Manjunath Kiran, AFP/Getty Images
36	© Jeff Pachoud, AFP/Getty Images
38–39	© Comstock/Getty Images
40–41	© Tethers Unlimited
42–43	© Tethers Unlimited
44	© Tethers Unlimited; NASA/Joel Kowsky

图书在版编目（CIP）数据

太空蜘蛛 /（美）杰夫·德·拉·罗莎著；朱卫国译．—上海：上海辞书出版社，2018.8
ISBN 978 – 7 – 5326 – 5154 – 2

Ⅰ．①太…　Ⅱ．①杰…　②朱…　Ⅲ．①空间机器人
Ⅳ．① TP242.4

中国版本图书馆 CIP 数据核字（2018）第 155691 号

太空蜘蛛 tài kōng zhī zhū

〔美〕杰夫·德·拉·罗莎 著　朱卫国 译

责任编辑　周天宏
封面设计　梁业礼

出版发行　上海世纪出版集团
　　　　　上海辞书出版社（www.cishu.com.cn）
地　　址　上海市陕西北路 457 号（200040）
印　　刷　上海雅昌艺术印刷有限公司
开　　本　890×1240 毫米　1/16
印　　张　3
字　　数　40 000
版　　次　2018 年 8 月第 1 版　2018 年 8 月第 1 次印刷
书　　号　ISBN 978 – 7 – 5326 – 5154 – 2 / T · 187
定　　价　25.00 元